小山的中国地理探险日志

U0166567

蔡峰————编绘

栗河冰————主审

丝绸之路

上卷

电子工业出版社
Publishing House of Electronics Industry
北京·BEIJING

图书在版编目（CIP）数据

小山的中国地理探险日志.丝绸之路.上卷 / 蔡峰编绘. —— 北京：电子工业出版社,2021.8
ISBN 978-7-121-41503-6

Ⅰ.①小… Ⅱ.①蔡… Ⅲ.①自然地理－中国－青少年读物 Ⅳ.①P942-49

中国版本图书馆CIP数据核字（2021）第128702号

责任编辑：季　萌
印　　刷：天津市银博印刷集团有限公司
装　　订：天津市银博印刷集团有限公司
出版发行：电子工业出版社
　　　　　北京市海淀区万寿路173信箱　邮编：100036
开　　本：889×1194　1/16　印张：36.25　字数：371.7千字
版　　次：2021年8月第1版
印　　次：2024年11月第8次印刷
定　　价：260.00元（全12册）

凡所购买电子工业出版社图书有缺损问题，请向购买书店调换。若书店售缺，请与本社发行
部联系，联系及邮购电话：（010）88254888，88258888。
质量投诉请发邮件至zlts@phei.com.cn，盗版侵权举报请发邮件至dbqq@phei.com.cn。
本书咨询联系方式：（010）88254161转1860，jimeng@phei.com.cn。

丝绸之路

　　从中国的西安到欧洲的罗马，丝绸之路全长约7000千米，其中中国境内长约4000千米。路线走法不同，丝绸之路的长度也不同。如今从西安到新疆的喀什，全程高速公路，约3700千米。在本书中，小山先生将长途跋涉，穿越丝绸之路的河西走廊和新疆区域，东起马鬃岭，西至帕米尔高原，南到祁连山、阿尔金山一带，北抵阿尔泰山及额尔齐斯河。

　　好啦，小山先生的西部之旅开始啦！

目 录

地图显示……

应该没迷路……

这里已经是甘肃省武威市天祝藏族自治县境内了，前面是……

没错，是**乌鞘岭**，就是西汉张骞出使西域，卫青、霍去病西征匈奴，唐代玄奘西行取经都曾经过的那个乌鞘岭！

张骞

中国汉代旅行家、外交家、探险家。奉汉武帝之命出使西域，两次被匈奴军队俘虏囚禁，历时13年终于逃回长安复命，是丝绸之路的开拓者。

翌日，清晨。

这里早晚温差太大，气候真是糟糕透了！

不过，令人欣慰的是，这里丝毫没有荒芜感……

乌鞘岭

乌鞘岭是祁连山东延冷龙岭的分支，位于黄土高原、青藏高原、内蒙古高原的交汇处，素以山势峻拔、地势险要而驰名于世，最高峰海拔 3000 多米。

🐾 水草丰美的牧场

冷、暖空气经常在这里相遇，再加上祁连山冰雪融水的滋润，所以这里降水丰沛，水草丰美，生活着优质的牦牛和骏马。历史上乌鞘岭一带曾是匈奴、突厥、羌等游牧民族的领地，现在依然有蒙古族、藏族的牧民来这里放牧。

🐾 兵家必争之地

乌鞘岭是丝绸之路的必经之地，是扼守河西走廊东大门的钥匙，地势险峻，易守难攻。汉代和明代都曾在这里修筑长城，用来抵御游牧民族南下侵扰。

🐻 中国地理上重要的分界岭

乌鞘岭，在藏语里称"哈香日"，意为和尚岭。南邻马牙雪山，西接古浪山峡，东西长约17千米，南北宽约10千米，海拔3000～3500米。东部高峰毛毛山海拔3562米，高差500～700米。有简易盘山公路通达山顶，山顶建有电视转播塔。

🐻 有"万宝山"美誉的祁连山

广义的祁连山脉是甘肃省西部和青海省东北部边境山地的总称。狭义的祁连山是指祁连山脉最北的一支山岭。

祁连山脉由7条互相平行的山脊线及其相夹的狭长谷地组成，长约850千米，面积约2062平方千米，7条平行山脊线宽200～400千米，有冰川3306条。平原河谷占山地面积的三分之一以上，年降水量250～600毫米，其中山地草原和针叶树林交替分布。祁连山区内设有祁连山国家公园和祁连山国家级自然保护区，位于青藏高原东北缘，地跨甘肃和青海，西接阿尔金山山脉，东至兰州兴隆山，南与柴达木盆地和青海湖相连。

祁连山蕴藏着种类繁多、品质优良的矿藏，有石棉矿、黄铁矿、铬铁矿及铜、铅、锌等多种矿产。

乌鞘岭是：

——陇中高原和河西走廊的天然分界；

——中国东部农业区和西部绿洲灌溉农业区、牧区的天然分界；

——半干旱区向干旱区过渡的分界线；

——季风区和非季风区的分界线，是东亚季风到达的最西端；

——中国内流河和外流河的分界线；

——黄河和石羊河的分水岭。

祁连山脉

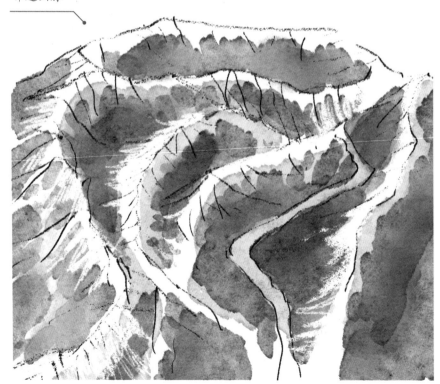

《乌岭参天》

（清）杨惟昶

万山环绕独居崇，俯视岩岩拟岱嵩。
蜀道如天应逊险，匡庐入汉未称雄。
雷霆伏地鸣幽籁，星斗悬崖御大空。
回首更疑天路近，恍然身在白云中。

往南，翻过祁连山脉，是高寒的青藏高原，难以逾越……

往北，是巴丹吉林沙漠和腾格里沙漠……

望而却步……

尽管这一带气候干旱，降水稀少，但受祁连山的冰川融水补给，孕育出了石羊河、黑河和疏勒河三大河流……

勤劳的人们还由此发展起了具有西北特色的灌溉农业。

在山前形成了富饶的草原绿洲。

大自然真是美妙！

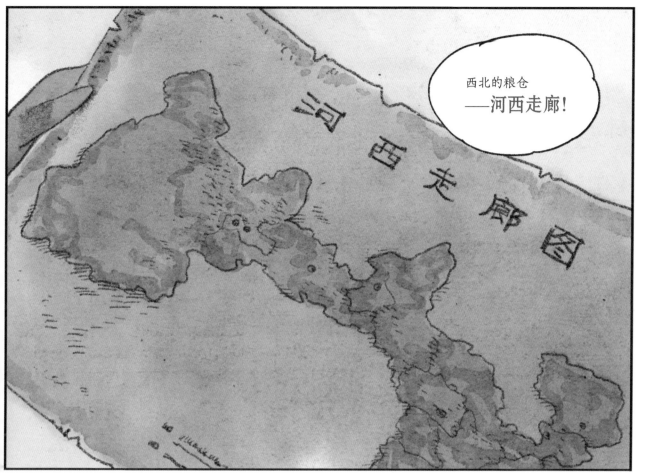

河西走廊

河西走廊东起乌鞘岭，西至玉门关，南北介于南山（祁连山和阿尔金山）和北山（马鬃山、合黎山和龙首山）之间，东西长约1000千米，呈狭长状平原，形如走廊，因其位于黄河以西，故得名河西走廊。河西走廊是通往新疆的要道，为西北边防重地。

清甜瓜果之乡

河西走廊地势平坦，一般海拔1500米左右，形成了武威、张掖、酒泉等大片绿洲。人们利用祁连山的冰川融水和地下水，发展起具有西北荒漠特色的灌溉农业，使河西走廊逐渐成为重要的"西北粮仓"。河西走廊日照充足，昼夜温差很大，因此这里生产出的瓜果特别甜，连蔬菜也带有一丝甜味。

重要的国际通道

自汉武帝开辟河西、"列四郡"以来，河西走廊逐渐成为中原连接西域的重要通道，是古代中国同西方世界进行政治、经济、文化交流的重要国际通道。在中国历史上，河西走廊大部分时候都是中国大一统王朝的西北端。汉朝、唐朝、元朝、明朝及清朝均控制河西走廊。这里居住着汉、蒙古、裕固、藏等民族。

蒙古族人

藏族人

河西走廊的历史变迁

河西走廊最早为吐火罗人（原始印欧人的一支）、月氏和汉藏羌等民族的聚居地。秦末农民起义时期，月氏实力强大，与蒙古高原东部的东胡部落胁迫游牧于戈壁沙漠南部和阴山一带的匈奴，匈奴曾送人质于月氏。秦末，匈奴质子自月氏逃回，杀父自立为冒顿单于，后数度击败月氏，月氏部落开始西迁，离开河西走廊。公元前 162 年，冒顿之子老上单于再度击败月氏，占领河西走廊。月氏部落大举西迁，击败大夏，建立王庭，称大月氏；留在原居地的部众则称小月氏。小月氏与当地羌族融合，附属于匈奴右贤王之下。

东汉时，河西走廊一带的主要居民被称为卢水胡，主要由小月氏组成。此外，湟（huáng）中也有一支小月氏部落，称湟中月氏胡；在张掖的小部落，称义从胡。有学者认为，羯（jié）人的祖先可能是小月氏分支。

冒顿单于

 # 张掖丹霞

彩色的丘陵层叠交错，一望无垠，如同油画般绚丽多彩。当地的裕固族百姓给它取了一个好听的名字——"阿兰拉格达"，意思是红色的山，地质学上把它叫作张掖丹霞地貌。

七彩的大地

张掖丹霞地处河西走廊旁，由"七彩丹霞"和"冰沟丹霞"组成，海拔约3000米。地表常年受风沙侵袭，风化严重，大地显出红色的砂岩；后来又经过地质的不断变迁，上面覆盖了一层白色泥岩。由于张掖丹霞的垂直节理发育，一层层的纹路特别明显，远远望去，好像一条条彩带随风飘荡，非常震撼。

历史文化名城 "金张掖"

张掖市古称甘州，是古丝绸之路上的重镇，位于甘肃省西北部，河西走廊中段，全市总面积3.86万平方千米。张掖是国家历史文化名城，汉朝河西四郡之一，以"张国臂掖，以通西域"得名，西汉时期霍去病曾在此大破匈奴。张掖水土宜人、物产丰富，因此也被称为"金张掖"。

国际重要湿地

张掖黑河湿地国家级自然保护区位于黑河中游，境内湖泊、沼泽、滩涂星罗棋布，湿地植物茂盛，是西北地区重要的生态安全屏障。2015年，张掖黑河湿地国家级自然保护区被列入《国际重要湿地名录》。

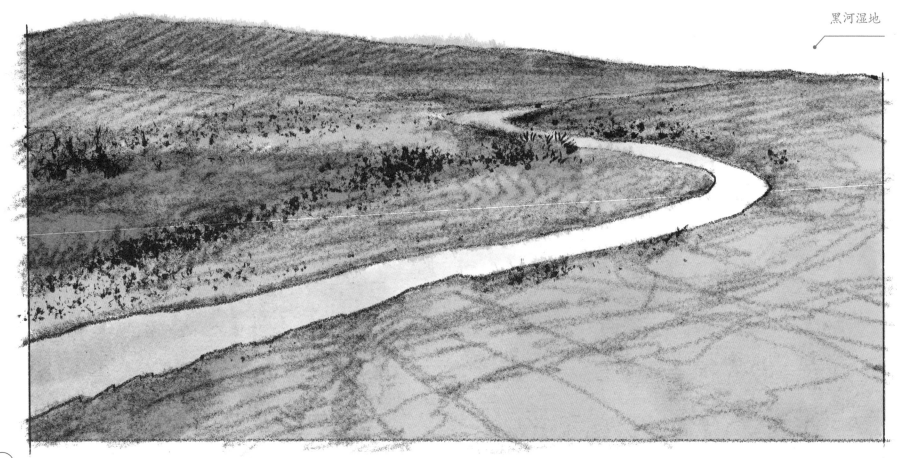

黑河湿地

张掖大佛寺位于甘肃省张掖市甘州区民主西街大佛寺巷，始建于西夏永安元年（1098），原名迦叶如来寺，明永乐九年（1411）敕名宝觉寺，清康熙十七年（1678）敕改宏仁寺。因寺内有巨大的卧佛像，故名大佛寺，又名睡佛寺。

张掖大佛寺内的卧佛

张掖丹霞

不愧是"天下第一雄关"……够气势!

嘉峪关

自从 2000 多年前汉武帝派卫青、霍去病收复河西走廊后,往来于中原与西域间的商旅越来越多,于是当时朝廷就在河西走廊的最西端设置了阳关和玉门关两处关口,分别扼守丝绸之路南、北两条线路的入口。到了明朝,在河西走廊西部的嘉峪塬上,又修建了"天下第一雄关"嘉峪关,三者并称"河西三关"。

河西第一隘口

嘉峪关关城是一处标准的古代边关和军事要塞,是明代万里长城西端的重要关隘,修造得非常坚固。其位于嘉峪关最狭窄的山谷中部,地势最高的嘉峪山上,城关两翼的城墙横穿沙漠戈壁。关城始建于 1372 年,断断续续修筑了 160 多年,成为较完备的防御城堡。

阳关与玉门关

阳关与玉门关都是丝绸之路必经的关隘。玉门关因西域输入玉石时取道于此而得名，阳关因在玉门关之南而得名。许多王朝都视此地为军事要地，派驻士兵把守。文人骚客至此流连，留下流传千古的诗篇，比如王之涣的"羌笛何须怨杨柳，春风不度玉门关"，以及王维的"劝君更尽一杯酒，西出阳关无故人"。

天下第一雄关

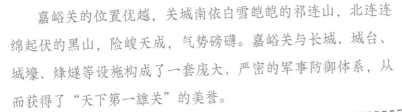

嘉峪关的位置优越，关城南依白雪皑皑的祁连山，北连连绵起伏的黑山，险峻天成，气势磅礴。嘉峪关与长城、城台、城壕、烽燧等设施构成了一套庞大、严密的军事防御体系，从而获得了"天下第一雄关"的美誉。

嘉峪关的修建

明代洪武五年（1372），征西大将军冯胜征讨元朝残余势力，收复河西后，为了守住收复的失地并加强抵御外敌入侵的能力，于祁连山与黑山之间的狭长谷地中，选址修筑关隘，这便是著名的嘉峪关。

固若金汤的嘉峪关

据说，过去在关门之外，还有外壕墙、外壕、绊马坑、月牙城、壕墙和护城沟。敌人要想攻进关门，首先得冲破这重重陷阱和阻碍；若想攻进城内，还得逐道攻破嘉峪关门、会极门、柔远门、光化门、朝宗门、东闸门等六道大关口。外城被攻破后，还有内城，而外城还能继续参与防守，与内城守军夹击攻入城内的敌军。

嘉峪关关城

嘉峪关关城的设计布局合理，建筑得法，令人叹为观止。关城有三重城郭，城内有城，城外有壕，形成重城并守之势。城墙上建有箭楼、敌楼、角楼、阁楼、闸门等共14座。西瓮城西面筑有罗城，罗城城墙正中面西设关门，门楣上有"嘉峪关"三字。嘉峪关附近烽燧、墩台纵横交错，关城东、西、南、北、东北各路共有墩台66座。

定城砖的传说

相传明正德年间，有一位名叫易开占的修关工匠，他精通算法，所有建筑，只要经他计算，用工用料十分准确。监督修关的监事官不信，要他计算修筑嘉峪关的用砖数量。易开占经过详细计算后说："需要99999块砖。"监事官依言发砖，并说："如果多一块或少一块，都要砍掉你的头。"竣工后，只剩下一块砖，放置在西瓮城门楼后檐台上。监事官发觉后大喜，正想借此克扣易开占的工钱，哪知易开占不慌不忙地说："那块砖是神仙所放，是定城砖，如果搬动，城楼便会塌掉。"监事官一听，便不敢再追究。这块砖至今仍保留在嘉峪关城楼之上。

石窟内有这么多千百年前的壁画……真是艺术瑰宝!

还有栩栩如生的佛像……

好强大的艺术感染力啊!

敦煌石窟

敦煌曾是古代丝绸之路上的重镇，地处河西走廊的最西端，是中原通往西域的门户，历来为兵家必争之地。

闻名世界的石窟艺术中心

敦煌石窟是中国三大石窟艺术宝库之一，全国重点文物保护单位，包括千佛洞、西千佛洞和安西榆林窟。敦煌石窟的彩塑和壁画大都是佛教内容，可帮助人们了解古代敦煌以及河西走廊的佛教思想、宗派、信仰、传播，佛教与中国传统文化的融合等。

现存规模最大的佛教艺术地

千佛洞又名莫高窟，位于敦煌城东南25千米的鸣沙山东麓的崖壁上，始凿于366年，从南至北绵延1600多米，有洞窟近500座，壁画数万平方米，美轮美奂，是世界上现存规模最大、内容最丰富的佛教艺术地，被称为"石窟艺术宝库"。1987年，莫高窟被列为世界文化遗产。

历史名城敦煌

敦煌市位于甘肃省西北部，为国家历史文化名城，春秋时因"地产好瓜"得名瓜州。战国时，月氏逐渐强大，吞并羌人，赶走乌孙，使得敦煌属大月氏国。秦汉之际，雄踞漠北的匈奴崛起，打败月氏，占据敦煌。西汉武帝时，经过反击匈奴的战争，迫使匈奴"远遁"，河西地区归入汉朝版图。

汉武帝

延续千年的石窟建造

敦煌石窟开凿于前秦，在此后的1000多年里均有续建。北魏、西魏和北周时，统治者崇信佛教，石窟建造得到王公贵族的支持，发展较快。隋唐时期，随着丝绸之路的繁荣，莫高窟更是兴盛，在武则天时有洞窟千余个。回纥①时期的莫高窟发展到顶峰，目前所看到的有名或清晰完整的画像、佛教雕刻基本都是在这个时期修复和新建的。元朝以后，随着丝绸之路的废弃，莫高窟也停止兴建并逐渐淡出世人的视野。直到清康熙四十年（1701）后，这里才重新为人注意。

丰富多彩的文物

莫高窟现存北魏至元的洞窟735个，分为南北两区。南区是莫高窟的主体，为僧侣从事宗教活动的场所，有492个洞窟，均有壁画或塑像。北区有243个洞窟，其中只有5个存有壁画或塑像，其他都是僧侣修行、居住和死亡后掩埋的场所。两区共计有壁画4.5万平方米，泥质彩塑2415尊，唐宋木构崖檐5个，以及数千块莲花柱石、铺地花砖等。

①回纥：我国古代民族，主要分布在今鄂尔浑河流域。唐时曾建立回纥政权。

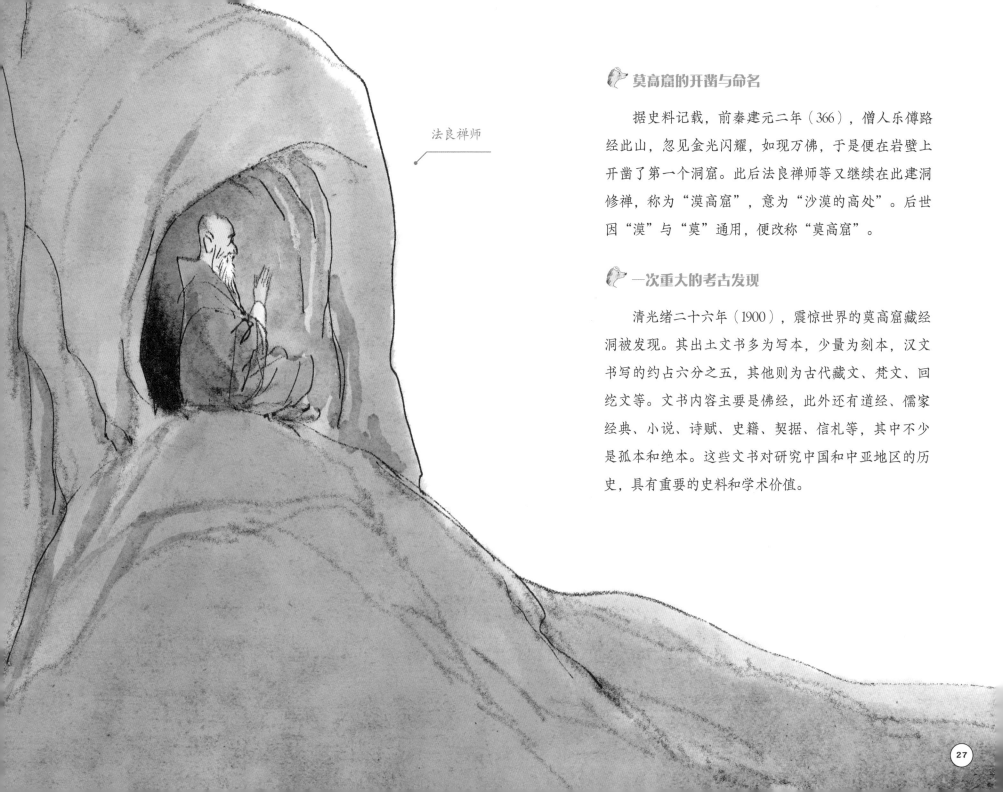

法良禅师

莫高窟的开凿与命名

据史料记载，前秦建元二年（366），僧人乐僔路经此山，忽见金光闪耀，如现万佛，于是便在岩壁上开凿了第一个洞窟。此后法良禅师等又继续在此建洞修禅，称为"漠高窟"，意为"沙漠的高处"。后世因"漠"与"莫"通用，便改称"莫高窟"。

一次重大的考古发现

清光绪二十六年（1900），震惊世界的莫高窟藏经洞被发现。其出土文书多为写本，少量为刻本，汉文书写的约占六分之五，其他则为古代藏文、梵文、回纥文等。文书内容主要是佛经，此外还有道经、儒家经典、小说、诗赋、史籍、契据、信札等，其中不少是孤本和绝本。这些文书对研究中国和中亚地区的历史，具有重要的史料和学术价值。

敦煌石窟

阿尔泰山

阿尔泰山处在中国、蒙古、哈萨克斯坦和俄罗斯四国的交界处，它雄伟壮阔，连绵2000多千米，是一座天然屏障。

美不胜收的阿尔泰山

"阿尔泰"在蒙古语中是"金山"的意思，这里夏季温暖多雨，冬季严寒，山谷中少雪，高山地带大雪纷飞。作为国家级自然保护区，山上有层次分明的4个植被区：低处的沙漠植物、低坡的草原、山腰的森林和高山的苔藓。这里有桦树林的浪漫，有落叶松的密集，也有针阔混交林的绚烂。

美丽而神秘的湖

阿尔泰山中最著名的景物要数坐落在阿尔泰深山密林中的高山湖泊——喀纳斯湖。"喀纳斯"是蒙古语，意为"美丽而神秘"。喀纳斯湖湖面海拔1374米，湖深188.5米，被誉为"人间仙境、神的花园"。

🐾 迷人的夏季牧场

阿尔泰山的山间草原是优质的夏季牧场，吸引了哈萨克牧民每年转场放牧。他们世世代代过着逐水草而居的生活，策马奔腾，牧歌阵阵……这里有大草原、森林 - 草原交错带、混交林、次高山植被、高山苔原等，还是雪豹等濒危物种的重要栖息地。

阿嘿

🐾 阿尔泰山的气候

在阿尔泰山高地的大部分地方，夏季是凉爽的，因此夏季很多人来这里避暑。可惜这里的夏天十分短暂，每年到了9月，就必须穿上厚厚的羽绒服了，那时候晚上的气温会降到0℃以下。这里的冬季漫长又酷寒，白雪茫茫，覆盖山野。

🐾 名不虚传的金山

"阿尔泰"在蒙语中意为"金山"，这里矿产资源丰富，从汉朝就开始开采金矿，至清朝有"金夫逾万，产金逾万，列厂十区，矿工数万"的记载。阿尔泰语系从阿尔泰山得名。这里最早的居民是塞种，之后是月氏和乌孙。永元三年（91），东汉军队灭北匈奴于金微山下，北匈奴西迁。现在当地居民为哈萨克族。

哈萨克族姑娘

准噶尔盆地

准噶尔盆地位于新疆北部，是中国第二大内陆盆地，位于天山和阿尔泰山之间，呈不规则三角形，面积约 38 万平方千米。

乌尔禾魔鬼城

在盆地腹部的古尔班通古特沙漠的西北部边缘，有一处典型的雅丹地貌，被称为"乌尔禾魔鬼城"，又称乌尔禾风城。"雅丹"是维吾尔语"陡壁的小丘"之意，雅丹地貌是在干旱、大风环境下形成的一种风蚀地貌。

资源蕴藏丰富的湖泊

盆地西南部的艾比湖是新疆最大的咸水湖，也是准噶尔盆地最大的湖泊。湖区中有丰富的盐、芒硝等非金属矿藏，是新疆最大的产盐基地。独特的湿地生态环境，是数百种动、植物生息繁衍的场所。其中的卤虫是我国的稀缺资源，被称为"软黄金"。

古老的准噶尔盆地

准噶尔盆地是一块古老的陆台，陆台核心是距今6亿年前、非常古老的前寒武纪结晶岩层。盆地沉积了浅海相灰岩和陆相的河湖相砂岩、泥岩、砾岩等。地层中的煤、石油及硅化木、恐龙、鱼贝类等古生物化石，记录和保留了盆地波澜壮阔的地质发展史，堪称不可多得的"史前地质博物馆"。

冲（洪）积扇

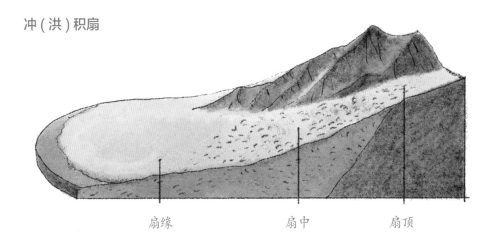

扇缘　　　　　　扇中　　　　　　扇顶

独特的地貌

水流流出山口后，地势趋于平缓，水流变慢，泥沙沉积，就会逐渐形成洪积扇或冲积扇，各个洪积扇或冲积扇会连接成洪积-冲积平原。在准噶尔盆地边缘的山前地带，有大面积的冲洪积倾斜平原、冲积扇，盆地中心则为平坦的冲积平原、湖积平原及疏松物质形成的沙漠。

共和国石油"长子"

准噶尔盆地的油气资源十分丰富。1955年，地质调查队在盆地西北缘发现了一个大油田——克拉玛依油田。克拉玛依是世界上唯一一个以油田命名的城市。自1955年油田发现以来，经过多年的建设，在没有草、没有水的荒漠戈壁上，建成了中国西部第一个千万吨大油田。从此，"克拉玛依"这个象征着吉祥富饶的名字传遍了五湖四海。

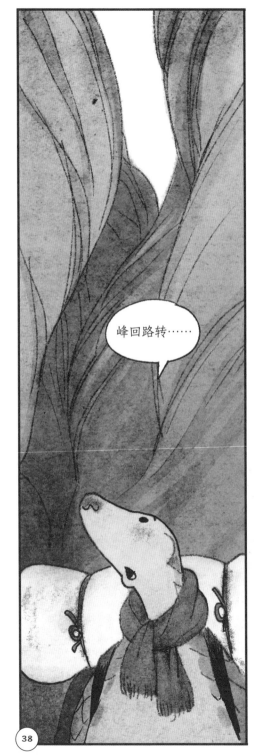

穿过这条**独库公路**就到奎屯大峡谷了!

上路咯!

独库公路

即 20 世纪 80 年代通车的 217 国道独山子至库车段,其纵贯天山南北,全程 561 千米,被称为"纵贯天山脊梁的景观大道"。

穿越峡谷

独库公路从库车出发,首先经过天山大峡谷,又称克孜利亚大峡谷。谷口十分开阔,深谷之中却是峰回路转。红褐色的山体群直插云天,在阳光照射下,犹如一簇簇燃烧的火焰。

踏过草原

翻过天山就是那拉提草原。受大西洋暖流影响,草原上气候湿润,自古以来就是著名的牧场。这里居住着能歌善舞的哈萨克族,至今仍保留着浓郁古朴的民俗风情和丰富的草原文化。

景色迷人的高山湖泊

从库车出发大约 120 千米的天山深处，有两个高山湖泊——大龙池和小龙池，海拔 2390 米，紧邻 217 国道。大龙池和小龙池是冰川侵蚀形成的冰碛湖，湖水碧绿，像两颗珍珠镶嵌在天山之巅。

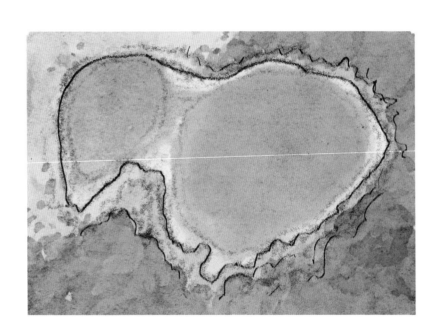

大龙池和小龙池

奎屯大峡谷

中国最大的高山草原

巴音布鲁克草原是天山山脉中段的高山间盆地，四周为雪山环抱，海拔约 2500 米，水草非常茂盛。由冰雪融水汇成的开都河在草原上绕来绕去，号称是天山的"九曲十八弯"。

奇特险峻的奎屯大峡谷

与天山大峡谷不同，奎屯大峡谷主要由千万年来的天山雪水自然冲刷形成。奎屯河从峡谷中流过，在沙砾石堆积的河谷悬壁上留下了密布如织的冲沟。谷壁近直立，沿谷到处是断崖，造型神工鬼斧。

小山的中国地理探险日志

敦煌石窟

阿尔泰山

独库公路

楼兰古国

蔡峰——编绘

栗河冰——主审

丝绸之路

下卷

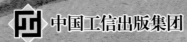
中国工信出版集团

电子工业出版社
PUBLISHING HOUSE OF ELECTRONICS INDUSTRY
http://www.phei.com.cn